带 着 科 学 去 旅 行

中国少年儿童百科全书

我们的地球

梦学堂 编

北京日报出版社

前 言

孩子喜欢读什么书呢？这是每个家长都会问的问题。一本好看的童书一定是既新颖有趣又色彩丰富，尤其是儿童科普类图书。本套图书根据网络图书平台大数据，筛选了近五年来最热门的科普主题，包括动物、鸟类、昆虫、花草、树木、海洋、人的身体、天气、地球和宇宙十大高价值主题。

孩子的想象力既丰富又奇特，他们每天都会提出五花八门、千奇百怪的问题，很多问题连家长也难以解答。这时候就需要一套内容丰富、生动有趣，同时能够解答孩子疑惑的科普读物来帮忙。

本套图书采用全新的版式来编排，精美大气的高清彩图配上通俗易懂的文字，既生动亲切又新颖有趣。

　　为了让孩子尽可能地理解、记住抽象深奥的地理知识，本书精心设置了"地理大数据"板块，将书中易考的知识归纳总结在上面，相当于老师在课堂上把考点知识写在小黑板上。孩子只要记住"地理大数据"里面的知识，就能记住考试的重点知识。

　　此外，本书还设置了"科学探险队""你知道吗？""地理冷知识""环保小知识"等丰富有趣的板块，让孩子开心地跟随书中的小主人公一起去探索神奇的地理世界。

　　衷心期待本书能在孩子心中播下科学的种子，让孩子健康快乐地成长。

科学探险队

米小乐

不太爱学习的男孩，调皮、贪玩，对各种动物，尤其是海洋动物和昆虫感兴趣，好奇心强。

菲菲

对科学很感兴趣的女孩，学习认真，喜欢各种植物，特别是花草。

袋袋熊

贪吃，憨态可掬，喜欢问问题，特别是关于鸟类和其他小动物的问题。

米小乐：菲菲，咱们这次科学探险，要前往什么地方？

菲　菲：这次咱们要探索地球的秘密，要去很多很多地方，任务相当艰巨哦！

袋袋熊：哇！那咱们岂不是要走遍整个世界？

菲　菲：对，我们要读万卷书，行万里路！

米小乐：哈哈，我很期待这次的科学探险，出发！

本书的阅读方式

简要介绍各种地理环境的基本知识。

讲述各种地理环境形成的原因和起源。

"科学探险队"与地球亲密接触，在第一现场为大家讲解它的神奇奥秘。

草原

美丽的草原令人神往，一望无垠的绿色犹如展开的千里碧毯，蓝天白云下，牛羊吃草，马儿奔跑，构成一幅绚丽独特的画卷。然而这样诗意的画卷却只能存在于降水稀少、土壤贫瘠的地方，因为草原形成的主要原因是降水少或土层薄，草本植物受到的影响小，而木本植物根本无法广泛生长。草原上生长的植物主要有旱生的窄叶丛生禾草，如隐子草、针茅、羽茅等属，以及菊科、豆科、莎草科和部分根茎类禾草等。

按照水热条件的不同，草原可分为典型草原、荒漠化草原和草甸草原等类型。

典型草原是草原中分布最广泛的类型，由典型的旱生草本植物组成，以丛生禾草为主，伴生少量旱生和中旱生类杂草及小半灌木。

荒漠化草原是最干旱的类型，由强旱生丛生小禾草组成，并大量混生超旱生荒漠小灌木和小半灌木。

草甸草原是草原中较湿润的类型，由中旱生草本植物组成，常混生大量中生或中旱生双子叶类杂草及根茎类禾草和苔草。

另外，按照热量生态条件，草原可分为中温型草原、暖温型草原和高寒型草原。在水分状态不稳定和发生干旱的盐渍化条件下，还会形成盐渍化草原或碱性草原。

天然草原主要分布在北半球温带，其中最大的是欧亚－北美环球草原带。

地理大数据

世界四大著名草原

排名	名称	面积	位置
1	潘帕斯草原	76 万平方千米	阿根廷中东部
2	呼伦贝尔草原	11.3 万平方千米	中国内蒙古自治区东北部
3	巴音布鲁克草原	2.4 万平方千米	中国新疆维吾尔自治区西部
4	那拉提草原	1848 平方千米	中国新疆维吾尔自治区新源县

数据来源：中国林业网

地理知识快车

我国是世界上草原资源最丰富的国家之一，草原总面积将近 4 亿公顷，占全国土地总面积的 40%，是现有耕地面积的 3 倍。按自然地理及行政区划，我国草原分为 5 个大区：东北草原区、蒙宁甘草原区、新疆草原区、青藏高原高寒草原区和南方草山坡区。

位于我国东北部的呼伦贝尔大草原是"世界四大草原"之一，营养丰富的牧草达 120 多种，被誉为"牧草王国"。

"地理大数据"以图表形式总结了世界各地地理环境的基本数据，以及它们的位次排名、面积、位置等。

"地理知识快车"等小板块总结了地理各方面的知识点，便于理解和记忆。

一句话介绍各种地理环境的特征和奇特现象。

目录

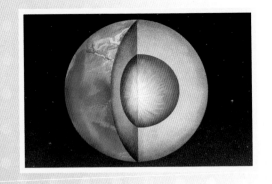

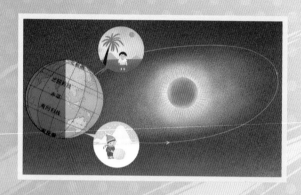

地球

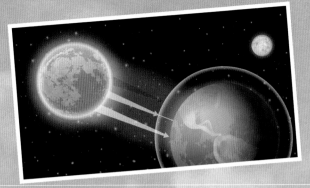

　　地球是一颗独特的行星。由于大量液态水附着在其表面，从太空看，它像一个蓝色的球体。

　　地球拥有厚厚的大气层，使其表面免遭宇宙辐射和陨石的伤害，大气中的氧气和地球表面的水为人类和其他生物的生存提供了必要条件。

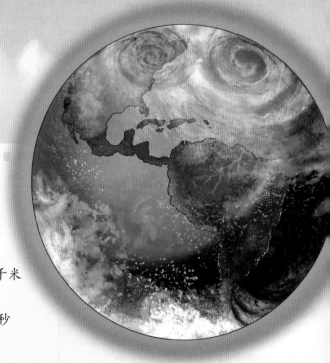

地理大数据

别名：蓝星、第三行星

赤道半径：6378 千米

质量：5.97×10^{24} 千克

到太阳的平均距离：1.5 亿千米

公转时长：365.24 天

自转时长：23 小时 56 分 4 秒

卫星：1 颗

表面重力：1 重力单位

表面平均温度：约 15℃

地球表面有大量的水、丰富的氧气，为人类和各种动植物提供了生存环境，是目前人类已知的唯一孕育和支持生命的天体。地球正好处在距离太阳正合适的位置，如果距离太阳再近一点儿，高温就会使水分蒸发。如果距离再稍远一点儿，气温就会降低，水就可能结冰。这样一来，无论人类还是其他生物都将无法生存。

哇！想不到我们居然住在"奇迹之星"上，好开心哦！

绚丽多彩的极光

太阳不停地向整个太阳系发射太阳风粒子，这些粒子穿过地球大气层，与地球磁场相互作用，便形成了绚丽多彩的极光。出现在北极夜空的叫北极光，出现在南极夜空的叫南极光。

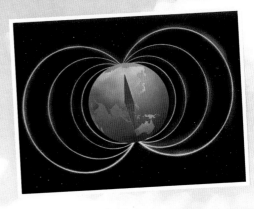

月球

月球是地球唯一的天然卫星，其大小约为地球的1/4。千千万万的陨石降落在月球上。由于没有火山、地震和大气层改变其外貌，这些陨石在月球表面留下了不可磨灭的印记。

我国的嫦娥月球探测器已经发射7次了，其中有3次着陆在月球上，最近发射的"嫦娥六号"月球探测器即将再次在月球背面着陆，而且要取样返回。

地球内部构造

地球是一颗岩石行星，核心由重金属组成（主要是铁），内核是固态，外核是液态，包裹地核的是地幔，由部分熔化的岩石构成，地幔的上方是一层被称为地壳的岩石，主要由硅酸盐矿物组成。

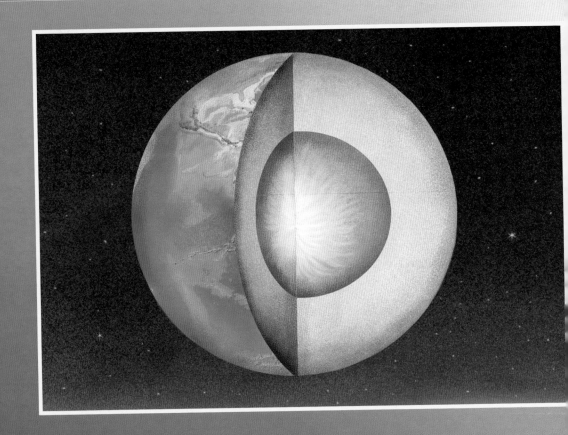

地球内热

地球内部产生的热量中，吸积残余热约占20%，放射性衰变热则占80%。地球内的产热同位素主要有钾-40、铀238、铀235及钍-232。地心的温度最高可达6000℃，压强可达360千兆帕斯卡。

起初，地球的温度非常高，金属和岩石都化成了岩浆，金属密度大，很沉，于是沉进了地球中心的内核。

地球的化学成分

地球的总质量约5.97×10^{24}千克。构成地球的主要化学元素有铁（32.1%）、氧（30.1%）、硅（15.1%）、镁（13.9%）、硫（2.9%）、镍（1.8%）、钙（1.5%）、铝（1.4%），剩下的1.2%是其他微量元素，如钨、金、汞、氟、硼、氙等。

构成地核的主要化学元素是铁（88.8%），构成地核的其他元素包括镍（5.8%）和硫（4.5%），以及质量加起来少于1%的微量元素。构成地幔的主要矿物质包括辉石、橄榄石等。

地壳和地幔上层较冷、较坚硬的部分形成一种被称为地幔岩石圈的"板层"。岩石圈不是整体一块，而是分裂成一块块的板块。

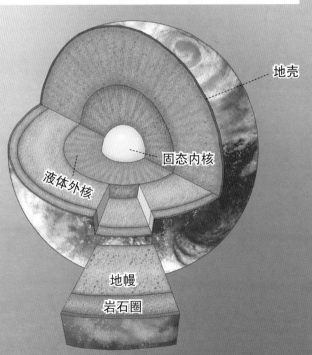

地壳

固态内核

液体外核

地幔

岩石圈

板块运动

穹形火山

裂隙式火山

根据板块构造理论，岩石圈是由十几个不断运动的大板块组成的巨大镶嵌体。板块运动的原因是地幔对流，大洋中脊是地幔对流上升的地方，地幔物质不断从这里涌出，冷却固结成新的洋壳，之后涌出的热流又把先前形成的大洋壳向外推移，自中脊向两旁每年以3～15厘米的速度扩展。

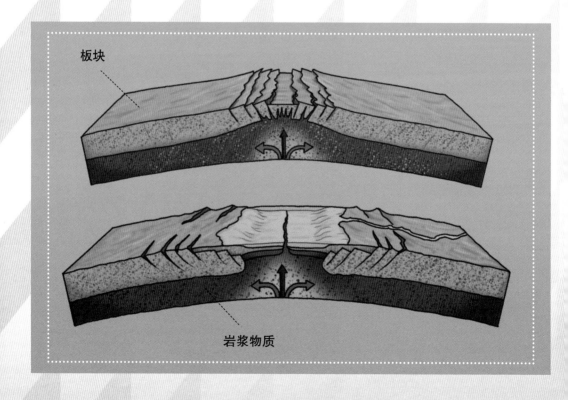

板块

岩浆物质

大陆漂移学说

20世纪初，一位叫魏格纳的德国气象学家在研究古气候的时候，发现澳大利亚、印度、非洲和南美洲出现了同一时期的冰川堆积物。热带地区出现古老冰川的痕迹，这意味着现在被大洋分割的大陆可能曾经是一个整体，并且可能位于寒冷的两极。于是魏格纳提出了引发地球科学革命的"大陆漂移学说"。

由于当时他无法解释这一假说，很多传统的地质学家不相信他的假说。直到半个世纪后，许多地质学家通过研究，才证明了魏格纳所提出的假说的正确性。

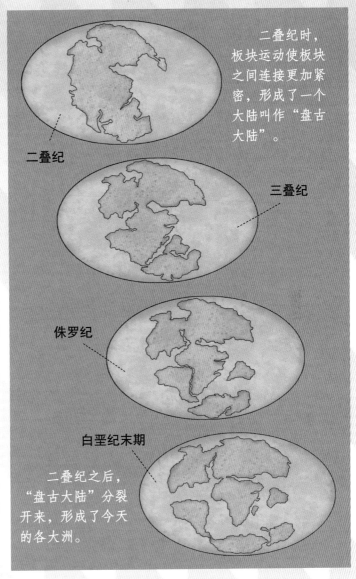

二叠纪

二叠纪时，板块运动使板块之间连接更加紧密，形成了一个大陆叫作"盘古大陆"。

三叠纪

侏罗纪

白垩纪末期

二叠纪之后，"盘古大陆"分裂开来，形成了今天的各大洲。

地理小知识

板块构造学说

板块构造学说是在大陆漂移学说和海底扩张学说的基础上提出的。根据这一新学说，地球表面覆盖着内部相对稳定的板块（岩石圈），这些板块确实在以每年1～10厘米的速度在移动。

地球大气层

　　大气层的厚度超过1000千米，可以分为五层。位于大气最底层的是对流层，是大气中最稠密的一层，所有天气现象都发生在这一层。对流层上面是平流层，这里基本没有水汽，晴朗无云，很少发生天气变化，适于飞机航行。保护人类免受紫外线辐射的臭氧层就在这一层。平流层上面是中间层，这里大气十分稀薄。再往上是热层，极光现象发生在这里。

　　外大气层也叫磁力层，它是大气层的最外层，是大气层向星际空间过渡的区域，在这里空气极其稀薄。

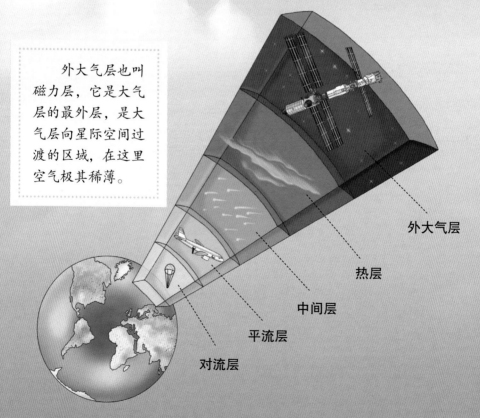

外大气层

热层

中间层

平流层

对流层

大气的成分

大气的成分很复杂，主要由氮气（78%）和氧气（21%）组成，此外，还有氢气、二氧化碳、氨气、氖气、氩气、氪气、氙气等气体，还含有一定量的水蒸气和各种尘埃杂质，是形成云、雨、雾、雪的重要物质。

据科学家推断，地球周围有 5000 多亿吨空气，如果人类体内没有向外的压力，会被压得粉身碎骨。

大气层的厚度

地球的大气层并没有一个明确的边界，在 10000 千米的高空仍然能检测到大气分子。大气层的密度随着高度的增加而减小，它绝大部分的质量都位于 100 千米以下的高空。因此，国际航空联合会给出的太空和内层大气空间的高度约为 100 千米，这就是著名的卡门线。

任何超过卡门线的飞行器都可以认为是进入了太空，可以称之为航天器；在低于卡门线的高空进行活动的飞行器，称之为航空器。

季节变换

　　地球公转与自转会产生一定的倾角，这是产生四季更替的原因。如果地球自转轴与公转轨道垂直，就不会产生季节变换。在赤道地区，白昼几乎长短不变，太阳高高挂在天空，因此那里总是很热。当北极靠近太阳时，北半球为夏季，南半球为冬季。当北极远离太阳时，北半球为冬季，南半球为夏季。

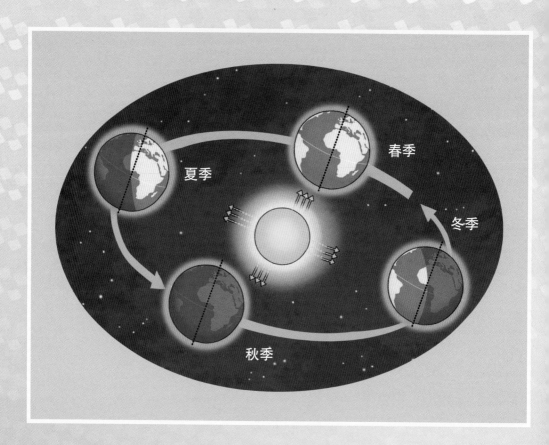

昼夜更替

　　地球绕太阳转的同时，自身也在不停地以顺时针方向自转。自转一周就是一天，约等于 23 小时 56 分钟 4 秒。由于受地轴的倾斜和公转带来的四季变化的影响，昼夜也会周期性地变长变短。夏季昼长夜短，冬季则相反。

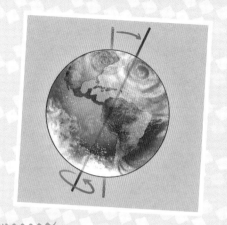

南北极由于纬度极高，会出现 24 小时全是白天的极昼和 24 小时全是夜晚的极夜现象。

温度带

　　按照各个区域获得的太阳光热量的多少，人们将地球分为五个温度带：位于赤道附近的热带、位于北半球的北温带、位于南半球的南温带、位于北极的北寒带和位于南极的南寒带。其中，南北温带地区四季分明，赤道地区终年炎热，南北寒带地区终年寒冷。

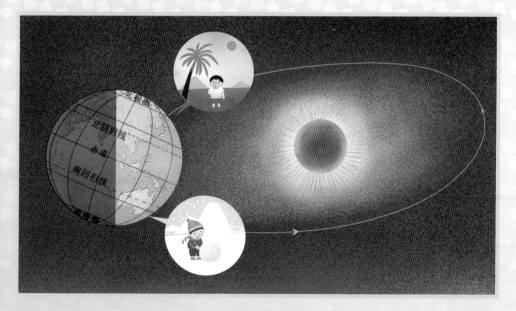

海洋

　　海洋是地球上广大而连续的咸水水体的总称。地球上海洋总面积约占地球表面积的71%，海洋中的水约占地球上总水量的97%。地球上共有四个大洋：太平洋、大西洋、印度洋、北冰洋。

地理大数据

名　称	面　积	平均深度	最深处
太平洋	17968 万平方千米	3957 米	11034 米
大西洋	9336 万平方千米	3627 米	9219 米
印度洋	7491 万平方千米	3897 米	7729 米
北冰洋	1500 万平方千米	1097 米	5499 米

数据来源：中国海洋信息网

洋和海有什么区别？

洋是海洋的中心部分，是海洋的主体。世界四大洋约占海洋总面积的89%。水深一般在3000米以上，最深处可达1万多米。因为离陆地遥远，不受陆地影响，所以水温和盐度变化不大，水色蔚蓝，透明度很高，杂质很少。

海是海洋的边缘部分，是大陆边缘的附属部分。海的总面积约占海洋总面积的11%，海的深度较浅，临近大陆，受大陆、河流、气候和季节的影响。夏季，海水会变暖，冬季水温降低；有的海域海水还会结冰。

海水为什么是咸的？

原始的海洋，海水不是咸的，而是带酸性又缺氧的。由于海洋中的水分不断蒸发，上升到空中形成云，然后再以雨的形式落回地面，如此循环往复，把陆地和海底岩石中的盐分溶解，不断地汇集于海水中。经过亿万年的积累融合，海水才变成了咸的。

如果把海水中的盐全部提取出来，铺到全球陆地上，其高度可达150多米！

山脉

　　山脉指呈线状延伸的山地，是山地中主要山体的集合。沿一定方向延伸，包括若干条山岭和山谷组成的山体，因像脉状而称为山脉。构成山脉主体的山岭称为主脉，从主脉延伸出去的山岭称为支脉。

地球上到处都是山，仅海拔 2000 米以上的高山和高原就占据了陆地面积的 11%。

地理大数据

名　称	长　度	位　置	平均海拔
安第斯山脉	8900 千米	南美洲	3600 米
落基山脉	4800 千米	北美洲	2000 ～ 3000 米
大分水岭山脉	3000 千米	大洋洲	800 ～ 1000 米
喜马拉雅山脉	2450 千米	亚洲	超过 7000 千米
阿特拉斯山脉	2400 千米	非洲	2500 米

数据来源：中国国家地理网

山脉是怎样形成的?

地球上的高大山脉都是褶皱山脉,它们是由于大陆板块的撞击和挤压形成的。主要动力是地壳的水平挤压,一般有两种挤压方式:一种是由于地球自转速度的变化而造成东西向的水平挤压;另一种是由于在不同纬度地球自转的速度不同所造成的地壳向赤道方向的挤压。这两种挤压方式加上地壳受力不均所造成的扭曲,就形成了各种走向的山脉。

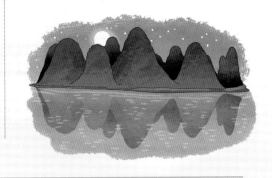

什么是山系?

山系是指有紧密联系的属于同一系统的若干相邻山脉的综合体。

世界上有两大著名山系:一是太平洋东岸自北向南纵贯美洲西部的科迪勒拉山系,是世界上最长的山系,包括北美的落基山脉、海岸山脉和南美的安第斯山脉,其中安第斯山脉长达 8900 千米,是世界上最长的山脉。二是横贯亚欧大陆南部和非洲西北部的阿尔卑斯 – 喜马拉雅山系,包括欧洲的阿尔卑斯山脉、北非的阿特拉斯山脉、亚洲的兴都库什山脉、喀喇昆仑山脉和喜马拉雅山脉。这条山系向东经中南半岛、印度尼西亚至巽(xùn)他群岛与环太平洋山带相接。

乞力马扎罗山是非洲第一高山,它是一座休眠火山,从飞机上往下看,就像一个巨大的倒扣的银盆,盆底还冒着缕缕青烟。

森林

　　森林是指大片生长的树木，森林中除了树木，还包括其他植物、动物、微生物及土壤等，是地球上最大的陆地生态系统，也是全球生物圈中最重要的一环。它是地球上的基因库、碳储库、蓄水库和能源库，对维系整个地球的生态平衡起着至关重要的作用，是人类赖以生存、发展的自然资源。

地理大数据

排　名	国　家	森林面积
1	俄罗斯	815 万平方千米
2	巴西	497 万平方千米
3	加拿大	347 万平方千米
4	美国	310 万平方千米
5	中国	220 万平方千米
6	澳大利亚	134 万平方千米

数据来源：中国林业网

森林是怎样演化的？

现代森林的演化过程非常漫长。主要分三个阶段：

1. 蕨类古裸子植物阶段。在晚古生代的石炭纪和二叠纪，由蕨类植物的乔木、灌木和草本植物形成大面积的滨海和内陆沼泽森林，煤的形成就是它们的功劳。

2. 裸子植物阶段。中生代的晚三叠纪、侏罗纪、白垩纪是裸子植物的全盛时期。苏铁、银杏、松柏类形成大面积的裸子植物林和针叶林。

3. 被子植物阶段。在中生代的晚白垩纪及新生代的第三纪，被子植物中的乔木、灌木、草本植物遍及地球陆地，形成各种类型的森林。直到现在，它们仍然是森林最具优势和最稳定的植物群落。

森林按植被类型可分为：针叶林、针叶阔叶混交林、落叶阔叶林、常绿阔叶林、热带雨林等。

森林有哪些价值？

1. 天然氧气制造厂。森林里每一棵树都是一个氧气发生器和二氧化碳吸收器。一棵椴树一天能吸收 16 千克二氧化碳，150 公顷杨、柳、槐等阔叶林一天可产生 100 吨氧气。城市居民如果平均每人占有 10 平方米树木，他们呼出的二氧化碳就有了去处。

2. 天然的吸尘机。树叶上的茸毛、分泌的黏液和油脂等，对灰尘有很强的吸附和过滤作用。据研究计算，每公顷森林每年能吸附 50 ~ 80 吨粉尘，可谓是天然的吸尘机。有些树木还能分泌杀菌素，如松树分泌的杀菌素能杀死白喉、痢疾、结核病的病原菌。

此外，森林还是生命的资源库、天然的储水池、防风的长城、天然的隔音墙、大自然的防疫员等。

你知道吗？

全世界现在只有 40 多亿公顷的森林，而且正以每分钟 38 公顷的速度在消失！而在人类诞生之初，地球上一半以上的陆地披着绿装，森林总面积达 76 亿公顷。如果按照这样的减少速度，100 年之后，地球将很可能再也看不到森林了！

热带雨林

　　热带雨林分布在北纬23.5°至南纬23.5°之间的热带地区，主要集中在南美洲的亚马孙河流域，那里长年气候炎热，雨水充足，没有明显的季节变化。地球上超过半数的植物、动物都生活在热带雨林，是全世界植物物种最丰富的地区。

地理大数据

世界三大雨林体系			
排　名	名　称	面　积	位　置
1	美洲雨林体系	600 万平方千米	南美洲
2	印度马来雨林体系	247 万平方千米	亚洲和太平洋
3	非洲雨林体系	216 万平方千米	非洲

数据来源：中国林业网

热带雨林的特征

热带雨林中植物种类繁多，其中乔木具有多层结构；上层乔木高过 30 米，多为典型的热带常绿树和落叶阔叶树。

"露生层"是由高大树林构成的，能够吸收最多的光线，高度一般在 31 米以上。

"树冠层"生长的树木平均高度在 21～30 米。这里的树木接收的光线比"露生层"要少。

"幼树层"生长着众多年幼的树木，它们的平均高度在 11～20 米，依靠林中少量阳光生长。

"灌木层"生长着茂密的植被，包括蕨类植物、灌木和缠绕在树干上的藤本植物。有些植物生长在最高树木之间的缝隙中。它们的平均高度在 6～10 米。

河流

河流分为内流河和外流河，内流河注入内陆湖泊或沼泽，而外流河则注入海洋。河流是地球上水分循环的重要路径，泥沙、盐类等随着河流进入湖泊或海洋。河流还会不断改变地表形态，形成不同的流水地貌。

地理大数据

名　称	长　度	位于地区	流域面积
尼罗河	6670 千米	非洲东部	330 万平方千米
亚马孙河	6400 千米	南美洲中北部	690 万平方千米
长江	6300 千米	中国	180 万平方千米
密西西比河	6020 千米	美国、加拿大	300 万平方千米
叶尼塞河	5500 千米	蒙古、俄罗斯	260 万平方千米
黄河	5464 千米	中国	75 万平方千米

数据来源：中国国家地理网

河流为什么总是弯曲的？

1. 地形的影响。地形有高低起伏，流经不同地形的河流自然会变得弯曲。

2. 生物的扰动。老鼠、兔子、蛇等生物都会在岸边打洞。如果河流冲进洞口，就会一点点把缺口冲大，最后导致河床出现倾斜。

3. 地质的因素。地层的裂隙、断层都会使河流发生弯曲。

4. 河流的流速。河流中的水流速是不均匀的，位于河流正中的水流速度是最快的。当河流出现一个弯曲时，流速最快的那部分水就会冲击正前方的河岸，这种水流会让凹岸的局部水压变大，在河流内部形成螺旋状的环流，进而进一步侵蚀凹岸，并把冲刷出的砂石堆积到凸岸。

大的河流在中国通常被称为河、江、水，如黄河、长江、汉水。各地方对河流也有不同的称呼，南方人通常把河流叫作江，北方人通常把河流叫作河。

知识加油站

河流的价值

河流对人类起着非常重要的作用，不仅是人类赖以生存的淡水资源的主要提供者，还具有航运、灌溉、养殖、防洪、旅游，以及调节气候和水力发电等重要价值。我国的水力资源非常丰富，河川径流量高达2.6万亿立方米，居世界第六位，但农田灌溉面积居世界第一位。

湖泊

地球上湖泊总面积大约为270万平方千米，占陆地面积的1.8%，最大的湖泊是位于中亚西部和欧洲东南端的里海，面积达38万平方千米。湖泊按泄水情况可分为外流湖（吞吐湖）和内陆湖；按湖水含盐度可分为淡水湖（含盐度小于1克/升）、咸水湖（含盐度为1～35克/升）和盐湖（含盐度大于35克/升）。降水、地面径流、地下水、冰雪融水都是湖水的主要来源。蒸发、渗漏、排泄和开发利用是湖水消耗的主要原因。

地理大数据

世界五大湖泊			
排 名	名 称	面 积	位 置
1	里海	380000 平方千米	亚洲和欧洲交界
2	苏必利尔湖	82000 平方千米	加拿大和美国交界
3	维多利亚湖	68800 平方千米	东非平原
4	休伦湖	59600 平方千米	加拿大和美国交界
5	密歇根湖	58000 平方千米	美国

数据来源：中国国家地理网

湖泊是怎样形成的?

湖泊的形成有各种原因,具体有以下几个方面:

1. 地球内部原因。地壳的构造运动造成陆地上升或地层断陷、凹陷或沉陷,形成构造湖。世界著名的里海、黑海、咸海和贝加尔湖都是构造湖,构造湖一般为深水湖,储水量大,湖泊自净能力强。此外,火山爆发形成的湖泊,可分为火山口湖、火山熔岩堰塞湖两种。

2. 地表原因。由瀑布或急流侵蚀形成的湖泊称为瀑布潭湖或侵蚀湖。河流被横切堰塞时形成堰塞湖。

3. 太空原因。由陨石撞击地球形成的湖泊,叫陨石湖。中国台湾省的嘉明湖就是陨石湖。

4. 人为原因。目前通过人工手段建成的人工湖、水库等日益增多。

有的湖原是海的一部分,因泥沙围堵形成了封闭或半封闭的状态,称为潟(xì)湖。杭州西湖就是潟湖。

世界上海拔最高的湖是我国西藏自治区的纳木错,湖面海拔 4718 米,面积约 1900 平方千米,是我国第三大咸水湖,西藏第二大湖泊。

地理知识快车

贝加尔湖位于俄罗斯西伯利亚南部,中国古称“北海”,是世界上最深的湖泊,最深处达 1600 多米,湖长 630 千米,平均宽度为 48 千米,面积 31000 多平方千米,湖水容量 23000 立方千米,约占地球表面淡水总容量的 1/5。

草原

　　美丽的草原令人神往，一望无垠的绿色犹如展开的千里碧毯，蓝天白云下，牛羊吃草，马儿奔跑，构成了一幅绚丽独特的画卷。然而这样诗意的画卷却只能存在于降水稀少、土壤贫瘠的地方，因为草原形成的主要原因是降水少或土层薄，草本植物受到的影响小，而木本植物根本无法广泛生长。草原上生长的植物主要有旱生的窄叶丛生禾草，如隐子草、针茅、羽茅等属，以及菊科、豆科、莎草科和部分根茎类禾草等。

地理大数据

世界四大著名草原			
排　名	名　称	面　积	位　置
1	潘帕斯草原	76 万平方千米	阿根廷中东部
2	呼伦贝尔草原	11.3 万平方千米	中国内蒙古自治区东北部
3	巴音布鲁克草原	2.4 万平方千米	中国新疆维吾尔自治区西部
4	那拉提草原	1848 平方千米	中国新疆维吾尔自治区新源县

数据来源：中国林业网

草原有哪些类型?

按照水热条件的不同，草原可分为典型草原、荒漠化草原和草甸草原等类型。

典型草原是草原中分布最广泛的类型，由典型的旱生草本植物组成，以丛生禾草为主，伴生少量旱生和中旱生类杂草及小半灌木。

荒漠化草原是最干旱的类型，由强旱生丛生小禾草组成，并大量混生超旱生荒漠小灌木和小半灌木。

草甸草原是草原中较湿润的类型，由中旱生草本植物组成，常混生大量中生或中旱生双子叶类杂草及根茎类禾草和苔草。

另外，按照热量生态条件，草原可分为中温型草原、暖温型草原和高寒型草原。在水分状态不稳定和发生干旱的盐渍化条件下，还会形成盐湿草原或碱性草原。

天然草原主要分布在北半球温带，其中最大的是欧亚－北美环球草原带。

地理知识快车

我国是世界上草原资源最丰富的国家之一，草原总面积将近4亿公顷，占全国土地总面积的40%，是现有耕地面积的3倍。按自然地理及行政区划，我国草原分为5个大区：东北草原区、蒙宁甘草原区、新疆草原区、青藏高原高寒草原区和南方草山草坡区。

位于我国东北部的呼伦贝尔大草原是"世界四大草原"之一，营养丰富的牧草达120多种，被誉为"牧草王国"。

沙漠

　　地球上有些地方由于气候干旱、降水稀少、蒸发量大、植被稀疏，加上常年受到风吹日晒，岩石风化，于是形成了沙漠。全球沙漠面积约占陆地总面积的1/5，集中分布在赤道南北纬15°～35°。这是由于地球自转所形成的干热下沉气流对这片地区长期影响造成的。此外，定向的干燥信风不断吹蚀这片地区，致使这里成为独特的干旱带，进而形成大面积的沙漠。

地理大数据

排　名	名　称	面　积	位　置
1	撒哈拉沙漠	906 万平方千米	非洲北部
2	阿拉伯沙漠	233 万平方千米	非洲东北部
3	利比亚沙漠	169 万平方千米	撒哈拉沙漠东北部
4	澳大利亚沙漠	155 万平方千米	澳大利亚西南部

数据来源：中国国家地理网

沙漠是怎样形成的?

形成沙漠的关键因素是气候。沙漠地区白天光照强烈，气温很高，而夜间气温急剧下降。岩石长期遭受昼夜不息的热胀冷缩，于是像蜕皮一样不断地剥落，这种现象被称为"风化"。风化的石块又进一步风化成沙粒，狂风把沙粒吹跑，堆积成一个个沙丘，覆盖地面，于是便形成了沙漠。

沙漠的形成也有人为因素。过度开垦、放牧及不合理的樵采会导致土地荒漠化和沙漠化，使沙漠面积不断扩大。

沙漠虽然干旱、荒凉，但地下通常埋藏着宝贵的矿产和石油。

沙漠中的海市蜃楼是怎么回事?

在沙漠里，由于白天沙石被太阳晒得灼热，接近沙层的空气升高极快，形成下层热上层冷的温度分布，造成下部空气密度远比上层空气密度小的现象。这时前方景物的光线会由密度大的空气向密度小的空气折射，从而形成非常奇特的蜃景。远远望去，宛如水中倒影。

在沙漠中长途跋涉的人，酷热干渴，看到蜃景，常会误认为已经到达清凉的湖畔，但是一阵风沙卷过，仍是一望无际的沙漠，这种景象只是一场幻景。

地理冷知识

沙漠中有时会出现鸣沙现象，据科学家解释，这是由于沙漠表面的沙子细而干燥，含有大量石英，被太阳晒热后，被风吹拂或人马走动，沙粒移动、摩擦便会发出轰隆隆的声音。

高原

　　高原是地球的舞台，它是由长期连续的大面积地壳抬升运动形成的。海拔高度一般在1000米以上，面积广大，地形平坦，有的高原地势起伏很大，崎岖不平。全世界高原总面积约占地球陆地总面积的45%。世界最高的高原是我国的青藏高原，平均海拔在4000米以上。世界最大的高原是巴西高原，面积达560万平方千米。

地理大数据

我国四大高原

排　名	名　称	面　积	平均海拔
1	青藏高原	250 万平方千米	3000～5000 米
2	内蒙古高原	70 万平方千米	1000～1200 米
3	云贵高原	50 万平方千米	2000～4000 米
4	黄土高原	30 万平方千米	800 米以上

数据来源：中国国家地理网

青藏高原是怎样形成的？

青藏高原是世界上最高、最年轻的高原，平均海拔 4000 米以上，面积 250 万平方千米，有"世界屋脊""雪域高原"和"第三极"之称。它南北两侧分别属于两个不同的板块，北部是欧亚板块，南部是印度板块。

距今 9000 万年前的白垩纪，印度板块还位于南半球，和南极洲、大洋洲、非洲及马达加斯加连在一起，印度板块和欧亚板块之间横亘着广袤的特提斯海。后来印度板块和马达加斯加分离，以每年 15 厘米的速度向北漂移。

随着印度板块不断向北推进，特提斯海开始向北方的欧亚板块俯冲，不断插入欧亚板块之下，由此引起昆仑山脉和可可西里的隆起。

大约 5000 万年前，印度板块和欧亚板块开始发生碰撞，青藏高原逐渐形成。

黄土高原是由于风力堆积作用形成的，强烈的冬季风带来大量的沙尘，遇到太行山、秦岭等山地的阻挡，沙尘沉积下来就形成了现在的黄土高原。

什么是高原反应？

高原反应是指人体急速进入海拔 3000 米以上高原，暴露于低压低氧环境后身体产生的各种不适，是高原地区独有的常见病。按发病的急缓可分为急性、慢性高原反应。常见症状有头痛、失眠、食欲减退、疲倦、呼吸困难、记忆力减退等。一般不适应者进入高原后 6 ~ 24 小时发病，轻症者可不予处理，通常几天后自行消失。少数重症者可能会发展成高原肺水肿、高原脑水肿等。

预防措施

高原反应可以采取预防措施，进入高海拔地区前可进行适应性锻炼，如有条件，最好在低压舱内进行间断性低氧刺激与习服锻炼，使机体能够对由平原转到高海拔地区缺氧环境有某种程度的生理调整。

平原

平原地势平坦而广阔，海拔一般不超过500米，其中海拔200米以下的叫低平原，海拔200～500米的叫高平原。世界平原总面积约占地球陆地总面积的1/4。平原一般土地肥沃，水网密布，是经济发展较早、较快的地方。我国主要有三大平原：东北平原、华北平原、长江中下游平原，全部分布在我国东部。

地理大数据

名　称	面　积	位　置	排　位
亚马孙平原	560 万平方千米	位于亚马孙河中下游	世界最大的平原
东欧平原	约 400 万平方千米	位于欧洲东部	世界第二大平原
西西伯利亚平原	约 260 万平方千米	位于亚洲西北部	世界第三大平原
拉普拉塔平原	约 150 万平方千米	位于南美洲东南部	世界第四大平原
图兰平原	约 150 万平方千米	位于亚洲中部	世界第四大平原
北美大平原	约 130 万平方千米	位于北美洲中部	世界第五大平原

数据来源：中国国家地理网

平原是在地壳长期稳定、升降运动极其缓慢的情况下，经过外力剥蚀夷平作用和堆积作用形成的。按类型可分为构造平原、冲积平原和侵蚀平原。

构造平原是由地质运动形成的。当地下岩石发生变化或地震发生时，地层会出现隆起或沉降，使得平原的形态更加平坦。

冲积平原是由河流泥沙冲积形成的平原。大多数平原是河流冲积的结果，其主要特点是地面平坦，面积广大，多分布在大江大河的中下游两岸地区。

侵蚀平原则是在海水侵蚀、风化、冰川塑造等外力作用下形成的平原。

我国最大的平原是东北平原，面积约35万平方千米。

你知道吗？

华北平原是由黄河、淮河、海河长期冲积而成的。特别是黄河携带大量泥沙，沉积在华北地区，经过几千万年的演化，最终形成了华北平原。华北平原是典型的冲积平原，面积约31万平方千米，是我国第二大平原。而位于四川盆地内的成都平原也是一处冲积平原，它是盆地这种更大地形的构成单位。

盆地

　　盆地是世界五大基本陆地地形之一，人们把四周高、中间低的盆状地形称为盆地。

　　我国的盆地很多，如准噶尔盆地、柴达木盆地、四川盆地、塔里木盆地都是较大的盆地。盆地中常常蕴藏着丰富的石油、天然气，还出产丰富的农产品，因此人们把盆地称为"聚宝盆"。

地理大数据

我国四大盆地			
名　称	面　积	位　置	排　位
塔里木盆地	约 40 万平方千米	新疆南部	我国第一大盆地
准噶尔盆地	约 30 万平方千米	新疆北部	我国第二大盆地
四川盆地	约 26 万余平方千米	四川东部	我国第三大盆地
柴达木盆地	约 25 万平方千米	青海西北部	我国第四大盆地

数据来源：中国国家地理网

盆地是怎样形成的?

盆地主要是由地壳运动形成的。在地壳的运动作用下，地下的岩层受到挤压或拉伸，变得弯曲或产生断裂，就会使一部分岩层隆起，一部分岩层下降，当下降的部分被隆起的部分包围，盆地的雏形就形成了。

这些隆起的部分通常比较软而且不稳定，它们受到地壳运动的挤压而产生褶皱，继续升起成为环绕盆地的山脉；而那些下降的部分，通常比较坚实稳定。盆地的地质构造形成后，再经过风、流水、阳光、生物等自然力的改造，就成了今天盆地的样子。

世界上最大的盆地是刚果盆地，面积约337万平方千米。

地理小考点

盆地可分为两种类型：一种是地壳构造运动形成的盆地，叫构造盆地，如我国新疆的吐鲁番盆地、江汉平原盆地；另一种是由冰川、流水、风和岩溶侵蚀形成的盆地，叫侵蚀盆地，如我国云南西双版纳的景洪盆地，主要由澜沧江及其支流侵蚀扩展而成。

岛屿

在浩瀚无垠的海洋中，散布着数以万计的岛屿，它们像一颗颗珍珠洒落在蔚蓝色的海面上。世界上的岛屿面积约占陆地总面积的7%，最大的岛屿是位于北美洲东北部的格陵兰岛。相距很近的岛屿群称为群岛，如马来群岛、西印度群岛。岛屿有很多类型，如大陆岛、火山岛、冲积岛、珊瑚岛等。

地理大数据

排　名	名　称	面　积	位　置
1	格陵兰岛	216 万平方千米	北美洲北部
2	新几内亚岛	78 万平方千米	大洋洲
3	加里曼丹岛	76 万平方千米	东南亚
4	马达加斯加岛	59 万平方千米	非洲南部
5	巴芬岛	50 万平方千米	北美洲北部
6	苏门答腊岛	44 万平方千米	东南亚

数据来源：中国国家地理网

岛屿是怎样形成的？

岛屿的形成有各种各样的原因。大陆岛的形成是因为地壳发生运动，和大陆之间出现断裂，从而变成和大陆隔海相望的岛屿，如我国的台湾岛、海南岛，世界最大的岛屿格陵兰岛及日本列岛、大不列颠群岛等都是大陆岛。

还有因冰碛（qì）物堆积而成的岛屿。它们原是大陆冰川的一部分，后因气候变暖，冰川融化，海面上升，同大陆分离，如美国东北部沿岸和波罗的海沿岸的一些岛屿。

火山岛的形成是海底火山喷出的熔岩和碎屑物质在海底堆积形成的。

冲积岛是由河水夹带大量泥沙冲积而成的。

珊瑚岛是生活在温暖海水中的珊瑚虫建造的。珊瑚虫不断分泌一种石灰质特质，数以亿计的珊瑚虫分泌出的石灰质特质连同它们的遗骸，形成了珊瑚岛。

地理小考点

世界之最和中国之最

世界上最大的岛屿是格陵兰岛，面积约 216 万平方千米。

世界上最大的群岛是马来群岛，面积约 250 万平方千米。

世界上海拔最高的岛是新几内亚岛，大部分山地、高原海拔都在 4000 米以上。

世界上最小的群岛是位于南太平洋萨摩亚群岛北部的托克劳群岛，面积仅 12 平方千米。

中国最大的岛是台湾岛，面积 3.58 万平方千米。

中国最大的群岛是舟山群岛，面积约 1370 平方千米。

三角洲

　　三角洲又被称为河口冲积平原，是一种常见的地表形貌。江河湖泊流动中所裹挟的泥沙等杂质，在入海口处遇到含盐量较淡水高得多的海水，凝絮淤积，逐渐成为河口岸边新的湿地，继而形成三角洲平原。三角洲的顶部指向河流上游，外缘面向大海，从平面上看，就像一个三角形。汇入湖泊、河流而形成的三角洲叫作内陆河流三角洲。

　　三角洲主要有扇形、鸟足形、舌形、尖嘴形、弓形和河口湾形等几种。

地理大数据

排　名	名　称	面　积	位　置
1	恒河三角洲	6.5 万平方千米	南亚东部
2	长江三角洲	5 万平方千米	中国东部
3	湄公河三角洲	4.4 万平方千米	东南亚
4	珠江三角洲	4.22 万平方千米	中国南部
5	尼日尔河三角洲	3.6 万平方千米	非洲西部

数据来源：中国国家地理网

三角洲的形成是泥沙在河口大量堆积的结果。

世界上每年约有 160 亿立方米的泥沙被河流搬入海中。这些混在河水里的泥沙从上游流到下游时，由于河床逐渐扩大，降差减小，在河流注入大海时，水流分散，流速骤然减缓。再加上潮水不时涌入有阻滞河水的作用，特别是海水中溶有许多电离性强的氯化钠（盐的主要成分），它产生出的大量离子，能使那些悬浮在水中的泥沙也沉淀下来。于是泥沙在这里越积越多，最后露出水面。

这时，河流只得绕过沙堆从两边流过去。由于沙堆的迎水面直接受到河流的冲击，不断受到流水的侵蚀，往往形成尖端状，而背水面却比较宽大，使沙堆成为一个三角形，人们就将它们命名为"三角洲"。

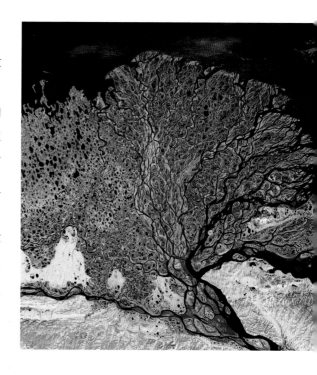

三角洲地形平坦，土壤肥沃，营养盐类资源丰富，不仅是优良的农耕区，也是天然的野生动物活跃区。

地理冷知识

一些河流的入海口没有形成三角洲，而是形成了三角湾，如我国的钱塘江口。钱塘江的水流中含沙量稀少，而河口非常宽阔，像一个巨大的喇叭形状，使泥沙不能沉积下来，反而引起强烈的冲刷，使河口加深、拓宽，于是逐渐形成了三角湾——杭州湾。

极地

北极　　　南极

　　极地包括南极洲和北冰洋，以及环绕它们的洋面和陆地的寒冷地区，是世界上最寒冷的地方，温度终年都在0℃以下。在极端寒冷的极地地带，连海洋都会结冰，这种冰叫作海冰。极地大部分水域都覆盖着海冰，然而这里并不是终年都冰天雪地，到了夏季，极点以外的许多地区都处于无冰期，大地上会长出很多矮小的苔原植被。

　　从太空俯瞰地球，会发现南极和北极的地形完全不同。南极是一块广阔的陆地，叫作南极洲，总面积约1400万平方千米，而北极则是一片汪洋，叫作北冰洋，面积差不多和南极洲相等。

极地有哪些动物？

北极的陆地动物主要有北极熊、北极狐、北极狼、北极兔、旅鼠、驯鹿、麝牛、灰熊、极地松鼠等。鸟类主要有北极枭、角嘴海雀、北极松鸡、北极猎鹰、北极秃头鹰。

海洋动物主要有一角鲸、白鲸、格陵兰鲸、海象、海豹、海獭、茴鱼、灰鳟鱼、鲱鱼、胡瓜鱼、长身鳕鱼等。

南极环境极为恶劣，几乎没有陆地动物，海洋动物主要有海豹、虎鲸、南极磷虾等，鸟类主要有企鹅、雪海燕、漂泊信天翁、南极贼鸥等。

南极有一种象海豹，是世界上最大的海豹，体长达 4 米，重达 2000 千克，能潜到 2000 多米深的海底，捕食乌贼、鲨鱼等。

为什么极地陆地上的动物大多是白色的？

在北极，我们会发现大多数陆地动物都是白色的，这并不是为了美观，而是一种自然选择的结果。根据达尔文的自然选择学说，具有有利变异的个体容易在生存斗争中获胜并生存下去。

在极地茫茫的白色冰原上，如果动物是其他颜色，很容易被天敌发现而无法生存下去。这样一来，就只有那些有白色皮毛的动物会一直生存繁衍下去。

冰川和冰山

  冰川是大自然寒冷地带的天然冰体，通常分布在极地和高山地区。那里由于气候严寒，积雪终年不化，所积之雪经过压实、重新结晶、再冻结成冰而形成的。冰川是陆地上重要的水体之一，占地球陆地面积的10%以上，总储水量占地球淡水储量的68%以上。

  冰山是高于海面5米以上、漂浮在深海中或搁浅在浅海及岸滩上的巨大冰块。冰山的高度可达几十上百米，长度通常在几百米到几十千米，最长可达数百千米，但是冰山大部分沉在水中，露出水面的部分只有全部体积的1/7 ~ 1/5。

什么是粒雪化作用?

冰川是在粒雪化作用下形成的。由雪花变成粒雪的过程称为"粒雪化作用"。粒雪化作用分冷型和暖型两类。

冷型是在温度较低的情况下,随着新雪层的增厚,对下面雪层的压力逐渐增加,积雪变得越来越密实,冰粒间隙越来越小,使冰晶变大并逐渐圆化,从而形成细小的粒雪。

暖型是在温度较高的情况下,雪的融化不仅使雪粒变得圆化,而且融化的水渗透到雪层的孔隙中。

冰川内部还有各种形状的冰洞,它是由地热融化冰川底部,融水流入冰川内部消融冰层产生的。

冰山是怎样形成的?

在冰川或冰盖与大海相汇的地方,冰与海水经常会相互摩擦、运动,久而久之就会使冰川或冰盖末端断裂,漂浮在海面上成为冰山。还有一种冰川伸入海水中,因为上部融化或蒸发快,就会慢慢变成水下冰架,断裂后再浮出水面,形成冰山。

冰山大多会在春夏两个季节形成,因为这两个季节温暖的天气会使冰川或冰盖边缘发生分裂的速度加快。

地球深处的岩浆

岩浆是地下熔融或部分熔融的岩石，是一种高温黏稠的液体，主要成分是硅酸盐。喷出地表的岩浆叫作喷出岩，侵入地壳的岩浆叫作侵入岩。岩浆冷却后凝结成的岩石叫作岩浆岩，岩浆岩有两大类别：深成岩和火山岩。深成岩是岩浆未冲出地表，在地下深处冷凝的岩石，如花岗岩；火山岩是岩浆冲出地表后冷凝的岩石，如玄武岩。

岩浆是怎样形成的？

地球内部有大量的热量，一部分是地球形成时遗留下来的，另一部分是由放射性和其他物理方式产生的。位于地壳和地核之间的地幔，尽管其温度高达数千摄氏度，但它仍然是坚硬的岩石。要想把它熔化，只有提高温度超过岩石的熔点，或者通过降低压力或加入熔剂来降低熔点。

岩浆就是通过以下两种方式产生的。

1. 通过热传递来提高温度，超过熔点。上升的岩浆体向周围较冷的岩石散发热量，使周围的岩石温度提高，直至熔化。

2. 降低熔点。① 减压熔融。当两个板块被拉开时，下方的地幔隆起进入缺口。随着压力的降低，岩石开始熔化。② 熔剂熔化。只要水（或其他挥发物，如二氧化碳或硫气体）能被搅入岩石体内，就能降低岩石的熔点。

地幔的平均厚度达2800千米，分为上地幔和下地幔。

地理冷知识

岩浆不是一种单纯的液体，而是携带着一团矿物晶体的液体，有时也带有气泡。岩浆不是以奔腾的洪流向上喷涌，相反，它像涓涓细流一样渗入地壳和上地幔，就像海绵里充满了水一样。岩浆的温度大约900℃～1400℃。

煤炭

　　煤炭是一种可燃烧的固体有机岩，它和石油、天然气并称为"三大化石燃料"。煤炭通常埋藏在地下或海底，是亿万年前大自然留给人类的宝贵遗产。据科学家估算，全世界煤炭总量超过13万亿吨，是石油的6倍多。我国是世界上最早利用煤炭的国家，也是煤炭储量非常丰富的国家，已探明的煤炭储量达7000多亿吨。煤炭的主要成分有碳、氢、氧、氮、硫等。此外，还有极少量的磷、氟、氯、砷等元素。

煤炭是怎样形成的？

煤炭是古代植物由于地壳变动被埋入地下，长期处于空气不足，并在高温高压下经过一系列复杂的物理化学变化，逐渐形成的。

在远古时期，由于气候适宜，地面到处生长着茂密的植物。后来由于地壳变动，这些植物被一批一批地埋在湖底或海洋边缘地带。这些被泥沙掩埋的植物，长期受到压力、地心热力和细菌的作用，原来所含的氧气、氮气，以及其他挥发性物质都慢慢跑掉了，剩下的大部分是"炭"，这样就形成了最初的泥炭。

随着泥炭被埋得越来越深，在高温高压下，碳元素的比例继续增高，

煤的变质程度越高，其光泽越强，密度和硬度也越高。按品质排序，无烟煤第一，烟煤第二，褐煤最差。

于是渐渐形成了褐煤。当压力和温度再继续升高，经过变质作用，就形成了烟煤、无烟煤等。

煤炭有哪些用途？

煤炭在燃烧时放出的热量非常高，是木炭的 1.5 倍，柴薪的 2 ~ 4 倍，作为生活燃料使用起来非常方便快捷。

在工业上，煤炭的用处非常多。发电是煤炭的一大用途，它是火力发电厂的主要燃料，目前全球超过 1/3 的电是用煤炭来发的。此外，曾经的各种蒸汽机车也是用煤来驱动，锅炉也用煤作为燃料，水泥、钢铁、玻璃、砖瓦等建材的制造也离不开煤炭。

煤炭环保知识

煤炭虽然用途广泛，但带来的污染也很严重，发展煤炭清洁高效利用是必然之路。煤气化是一条重要的途径，煤气化技术是把煤炭变成氢气和一氧化碳，其他污染物在气化过程中被处理掉。煤气化技术是清洁能源技术，既环保又高效。

石油

石油是埋藏在地下岩层中，以碳氢化合物为主混合而成的可燃性液体矿物，可分为石油气、原油、石蜡和沥青等形式。石油对工业发展非常重要，被称为"工业的血液"，其基本元素是碳和氢，但是碳和氢不是以单质形式存在的，而是相互结合成各种碳氢化合物（简称烃）。比如，烷烃、环烷烃、芳香烃，石油就是这些烃类的混合物。石油在工业上有不同的分类，按相对密度可分为：轻质石油、中质石油、重质石油、特重质石油。

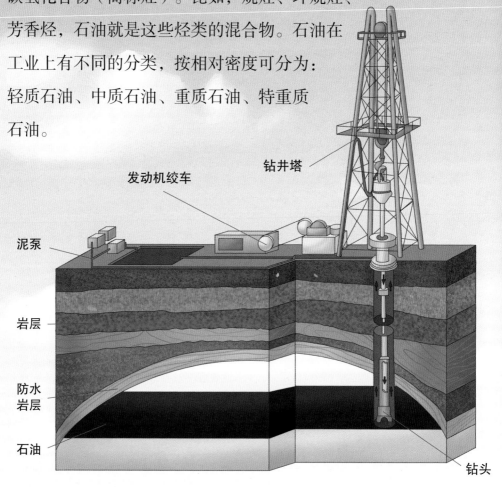

发动机绞车

钻井塔

泥泵

岩层

防水岩层

石油

钻头

石油是怎样形成的？

目前公认的石油形成理论是"有机成因说"，即石油是由死亡生物的尸体变化形成的。

像煤的形成一样，在远古时期，海洋中生活着大量的动物和植物（藻类），它们死亡之后，遗体随着泥沙一起沉入海底，而且越埋越深，最终与外界空气隔绝。在地层的高温高压作用下，经过石油菌、硫黄菌的分解作用，生物体的有机质被逐渐分解和"加工"成石油。

由于石油的主要成分是碳氢化合物，比它周围的岩石轻，它会向上渗透到多孔的岩层中。这样聚集到一起的石油就形成了油田。人们可以通过钻井和泵取从油田中获得石油。

石油的形成需要一定的温度，温度太低，石油无法形成；温度太高，则会形成天然气。

石油有哪些用途？

石油极易燃烧，而且发热量大，它比煤的发热量高 50% 左右，加上石油方便运输和使用，汽车、飞机等交通工具的燃料都需要从石油中提取。所以，从 20 世纪 50 年代起，石油就替代煤成了世界第一大能源。

石油不仅可以提取燃料，在化学工业中也有非常重要的用途。它是提炼制造塑料、合成橡胶、合成纤维、合成洗涤剂、乙醇、化肥、油漆、肥皂，以及多种医药的重要原料。可以说，我们的日常生活与石油息息相关，几乎一刻也离不了。

金属矿物和非金属矿物

自从人类开始利用金属，含有金属元素的矿物资源就变得非常重要，这些珍贵的金属元素很少以纯天然状态存在于地壳中，而是包含在金属矿物之中，只有通过提炼才能获取。除了金属矿物之外，还存在非金属矿物。世界上已知的矿物有160多种，其中80多种应用比较广泛。按其特点和用途可分为四类：能源矿物（煤、石油、天然气等11种）、金属矿物（金、银、铜、铁等59种）、非金属矿物（金刚石、石灰岩等92种）、水气矿物（地下水、矿泉水、二氧化碳等6种）。

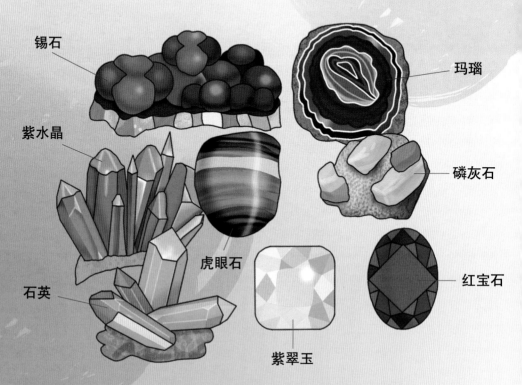

锡石

玛瑙

紫水晶

磷灰石

虎眼石

石英

红宝石

紫翠玉

黑色金属真的是黑色的吗？

在工业上，金属通常分为黑色金属、有色金属、稀有金属、贵金属等，黑色金属包括铁、锰、铬及其合金，如钢、生铁、铁合金、铸铁等。

纯净的铁和铬是银白色的，而锰是银灰色。只是由于钢铁表面通常覆盖一层黑色的四氧化三铁，而锰和铬主要应用于冶炼黑色的合金钢，所以才被误以为是"黑色"的金属。

有色金属则泛指黑色金属以外的金属，又叫非铁金属，包括铜、锌、铝、铅、镍、钨、铋、钼等。

钻石是怎样形成的？

钻石是由金刚石打磨而成的，金刚石又叫金刚钻，它的化学成分是碳，是唯一由单一元素组成的宝石。晶体形态多呈八面体、菱形十二面体、四面体、立方体、六八面体等。金刚石的硬度为 10，是目前已知的最硬的自然矿物。

金刚石一般在 100 多千米的地幔深处形成，那里岩浆中的原生碳结晶在高温高压作用下，其内部的电子被挤出，变成原子晶体。所以金刚石不仅硬度大，熔点高，而且不导电。在工业上，金刚石主要用于制造钻探用的探头和磨削工具，形状完整的还用于制造首饰等高档装饰品，其价格十分昂贵。

钻石

金刚石的折射率非常高，色散性也很强，所以在光的作用下呈现出五彩缤纷的光芒。

宝石小知识

宝石有三大特点：美观、耐久不变、产量稀少。按贵重程度一般分为：钻石、红宝石（刚玉）、蓝宝石（刚玉）、祖母绿（绿柱石）、金绿宝石（猫眼石、变石），这就是通常说的五大宝石。

地热能

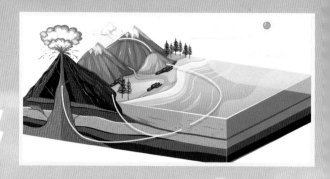

　　地热能大部分是来自地球深处的可再生性热能。它起源于地球的熔融岩浆和放射性物质的衰变。地下水的深处循环和来自极深处的岩浆侵入到地壳后，把热量从地下深处带至近表层。在有些地方，热能随自然涌出的热蒸汽和水到达地面，这种热能的储量相当大。

　　地热能按储存形式可分为蒸汽型、热水型、地压型、干热岩型、熔岩型五大类；按深浅度可分为浅层地热能（深度范围在200米以内）和中深层地热能（深度在200～4000米）。

　　地热能既可用于发电，也可用于供暖、农业种植、洗浴疗养等。高温（150℃以上）地热能主要用于发电，中低温（150℃以下）地热能可直接使用。

地热能为什么是一种清洁能源？

清洁能源一般指可直接用于生产生活而不排放污染物的能源。地热能主要是由地球内部熔岩产生的热量转化而来的能量，是一种绿色、低碳、可循环利用的清洁能源。

人类很早以前就开始利用地热能。比如，利用温泉沐浴、医疗，利用地下热水取暖、建造农作物温室、水产养殖及烘干谷物等。但真正认识地热资源并进行大规模开发利用，则是始于20世纪中叶。

地热能大部分集中分布在构造板块边缘一带，该区域也是火山和地震多发区。它不但是无污染的清洁能源，而且热量提取速度不超过补充的速度，那么地热能也是可再生的。

地热能所含的总热量非常惊人，大约相当于5000万亿吨煤的热量！

地热是怎样发电的？

地热发电是地热利用的最重要方式。它和火力发电原理一样，都是利用蒸汽的热能在汽轮机中转变为机械能，然后带动发电机发电。所不同的是，地热发电不像火力发电那样需要装备庞大的锅炉，也不需要消耗燃料，它所用的能源就是地热能。

要利用地热能发电，首先需要有载热体把地热能带到地面上来。能够被地热电站利用的载热体，主要是地下的天然蒸汽和热水。

按照载热体类型，可把地热发电方式划分为蒸汽型地热发电和热水型地热发电两大类。

风能

风力涡轮机

风能是空气流动所产生的动能，是太阳能的一种转化形式。由于太阳辐射造成地球表面各区域受热不均匀，引起大气层中压力分布不平衡，在水平气压梯度力的作用下，空气沿水平方向运动形成风。

风能资源的总储量非常大，一年可开发的电量高达50万亿千瓦时。风能是可再生的清洁能源，储量大、分布广，但能量密度低（仅为水能的1/800），并且不稳定。在一定技术条件下，风能可作为一种重要的能源来开发利用。风能利用是综合性的工程技术，通过风力机将风的动能转化成机械能、电能和热能等。

风能有哪些优点?

① 可再生:风能来自自然风力,永不会枯竭,是一种可持续使用的能源。

② 无污染:风能发电不会产生废气、废液等污染物,非常环保。

③ 经济性:风能发电运营成本相对较低,具有良好的经济效益。

④ 灵活性:风能发电可以迅速调节发电量,满足市场的需求。

⑤ 地域多样性:全世界很多国家和地区都适合利用风能,具有地域多样性,尤其是某些特定的地理位置,如高原和沿海。

风的能量有多大?

地球吸收的太阳能大约有 1% ~ 3% 转化为风能,总量相当于地球上所有植物通过光合作用吸收太阳能转化为化学能的 50 ~ 100 倍。高空的风速高达每小时 160 千米,风所产生的能量最后因和地表及大气间的摩擦力而以各种热能方式释放。

风能主要通过风车来提取。当风吹动风轮时,风力带动风轮绕轴旋转,使得风能转化为机械能。风能转化量与空气密度、风轮扫过的面积、风速这三个参数的平方成正比。

当风以每秒 8 米的速度吹过直径 100 米的转轮时,每秒能使 100 万吨空气穿越风轮扫过的面积。

环保小知识

风能既有优点也有缺点,缺点主要有以下 5 点:① 不稳定,依赖天气。② 目前风电成本仍然较高,需要大量资金投入,建设费用也比较高。③ 需要占有很大面积的土地。④ 风机运行时会产生一定的噪声,对生态环境和人类产生一定的干扰。⑤ 风机安装在高处,对飞鸟飞行路径产生一定干扰。

太阳能

　　太阳能一般是指太阳光的辐射能量，这种能量来自太阳内部氢原子发生氢氦聚变释放出的巨大核能。人类需要的绝大部分能量都直接或间接地来自太阳。植物通过光合作用释放出氧气，吸收二氧化碳，并把太阳能转变成化学能在植物体内贮存下来。煤炭、石油、天然气等化石燃料也是由古代埋在地下的动植物经过漫长的地质年代演变形成的一次性能源。

　　在现代社会，太阳能主要用来发电。太阳能发电是一种新兴的可再生能源。广义的太阳能是地球上许多能量的来源，如风能、化学能、水的势能等。在几十亿年内，太阳能是取之不尽、用之不竭的理想能源。

太阳能有哪些优点？

太阳能具有以下优点：

1. 普遍。太阳光普照整个地球，全世界所有地方都可以直接开发和利用太阳能，且无须开采和运输。

2. 无害。太阳能没有任何污染，是最清洁的能源之一，在环境污染越来越严重的今天，这一点是极其宝贵的。

3. 巨大。每年太阳辐射到地球表面的能量约相当于130万亿吨煤，而人类每年消耗的总能量仅仅只有太阳赠送给地球能量的几千分之一，可见太阳能的开发潜力十分巨大。

4. 长久。根据目前太阳产生的核能速率估算，其内部氢的贮量足够维持上百亿年，而地球的寿命只有几十亿年，从这个意义上讲，太阳的能量是取之不尽、用之不竭的。

太阳能是怎样发电的？

太阳能发电有多种方式，目前实用的有两种：

1. 光—热—电转换。即利用太阳辐射产生的热能发电。一般是用太阳能集热器将所吸收的热能转换为蒸汽，然后由蒸汽驱动汽轮机发电。前一过程为光—热转换过程，后一过程为热—电转换过程。

2. 光—电直接转换。利用光生伏特效应将太阳辐射能直接转换为电能，它的基本装置是太阳能电池板。

太阳能电池板

环保小知识

太阳能电池板

太阳能电池板的材料通常是单晶硅和多晶硅。单晶硅的光电转换效率大约为20%，比多晶硅的转化效率要高，但多晶硅的制造成本比单晶硅低，不过，随着科学技术的进步，单晶硅的成本也在大幅降低，未来肯定会成为太阳能电池板的主流材料。

水能

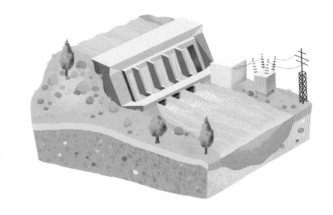

　　水能是指天然水流蕴藏的能量，主要是指水的势能和动能等能量资源。广义的水能资源包括河流水能、潮汐能、波浪能、海流能和潮流能等，潮汐能、波浪能等常被称作新能源；狭义的水能资源是指河流水能。

　　常规的水力发电是指对陆地水系的能源利用，其基本原理是，利用河川、湖泊等位于高处的水体所具有的势能，当水流降落至低处时，带动水轮机将水的势能转换成动能，再通过水轮机推动发电机产生电能。

水电站是怎样发电的?

典型的水电站由四大部分组成:挡水建筑物(大坝)、泄洪建筑物(泄洪道或闸)、引水建筑物(引水渠或隧洞,包括调压井)及电站厂房(包括尾水渠、升压站)。

其发电过程是这样的:首先水电站从河流高处或其他水库内引水,利用水的压力或流速带动水轮机旋转,将重力势能和动能转化为机械能,然后由水轮机带动发电机旋转,将机械能转化为电能,再经变压器、开关站和输电线路等将电能输入电网。

世界上最大的水电站是我国的三峡水电站,一年可以发 800 亿~1000 亿度电!

水电站有哪些优点?

水电站具有很多优点:首先,水力发电效率高,发电成本低,不需要额外的燃料,运营维护相对简单。其次,启动调节高效灵活,可以几分钟内启动发电。

另外,水能在转化为电能的过程中不发生化学变化,不排出有害物质,对空气和水体本身不产生污染,是一种取之不尽、用之不竭的清洁能源。

除了上述优点,水电站还具有综合性的工程效益,可以与防洪、灌溉、航运、养殖、旅游等多个方面组成水资源综合利用体系。

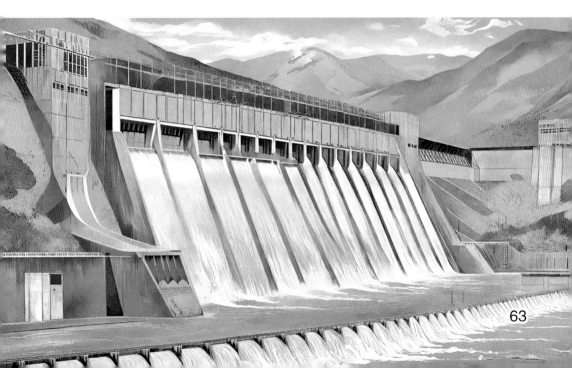

图书在版编目（CIP）数据

我们的地球 / 梦学堂编 . -- 北京：北京日报出版
社，2024.6
（带着科学去旅行：中国少年儿童百科全书）
ISBN 978-7-5477-4763-6

Ⅰ . ①我… Ⅱ . ①梦… Ⅲ . ①地球—少儿读物 Ⅳ .
① P183-49

中国国家版本馆 CIP 数据核字（2023）第 254823 号

带着科学去旅行：中国少年儿童百科全书
我们的地球

责任编辑：辛岐波
出版发行：北京日报出版社
地　　址：北京市东城区东单三条 8-16 号东方广场东配楼四层
邮　　编：100005
电　　话：发行部：（010）65255876
　　　　　　总编室：（010）65252135
印　　刷：新生时代（天津）印务有限公司
经　　销：各地新华书店
版　　次：2024 年 6 月第 1 版
　　　　　　2024 年 6 月第 1 次印刷
开　　本：710 毫米 ×1000 毫米　　1/16
总 印 张：40
总 字 数：588 千字
定　　价：248.00 元（全 10 册）

版权所有，侵权必究，未经许可，不得转载